全国
时装画艺术大赛
获奖作品集

服装设计师 《服装设计师》杂志 编著

FASHION DRAWING
A Collection of Award-winning Works

化学工业出版社
北京

图书在版编目（CIP）数据

全国时装画艺术大赛获奖作品集 / 《服装设计师》杂志编著 . — 北京 : 化学工业出版社 , 2015.3
ISBN 978-7-122-22991-5

Ⅰ . ①全… Ⅱ . ①服… Ⅲ . ①时装－绘画－作品集－中国－现代 Ⅳ . ① TS941.28

中国版本图书馆 CIP 数据核字 (2015) 第 028456 号

责任编辑：李彦芳　崔俊芳　　　　装帧设计：知天下
责任校对：王素芹

出版发行：化学工业出版社（北京市东城区青年湖南街 13 号 邮政编码 100011）
印　　装：北京瑞禾彩色印刷有限公司
889mm×1194mm　1/16　印张 9　字数 200 千字　2015 年 4 月北京第 1 版第 1 次印刷

购书咨询：010-64518888（传真：010-64519686）　售后服务：010-64518899
网　　址：http://www.cip.com.cn
凡购买本书，如有缺损质量问题，本社销售中心负责调换。

定　价：68.00 元

序

新世纪以来，随着全球化进程的加快，在我国时尚消费的多层次、时尚审美的多元化、时装产业的差异性等因素的交织下，我国时尚产业加速成长。

时代呼唤好的设计，艺术形式的多样性为时尚产业发展提供了丰富营养。在这种背景下，2002年，由中国服装设计师协会创办，《服装设计师》杂志承办的全国时装画艺术大赛诞生了。自创立以来，该项赛事坚持“鼓励创新、加强交流、发现人才”的宗旨，得到了广大时装设计师、美术工作者、艺术院校师生及绘画艺术爱好者的热情响应和积极参与。时装画这种独特的艺术形式，赢得了业内外的广泛关注。

作为全国性的以时装画为竞赛内容的专业赛事，创立至今时装画大赛已有超过6000名作者参与，参赛作者中既有成熟的时装设计师，也有高等院校学生，涵盖了各类时装绘画爱好者；收集作品超过10000幅，这些参赛作品多以手绘为主，呈现出多样性的特点。作品有的注重时装画的故事情节，以平涂和线描相结合；有的突出多层次颜色套叠，也有的将手绘线描和拼贴手段结合，视觉效果和绘画样式丰富。时装画大赛的举办，为广大时装画爱好者提供了交流学习的平台，有力地促进了时装画这一艺术形式的成长，对时装画艺术水平的提高起到积极促进作用。

为了更好地宣传时装画这一艺术形式，《服装设计师》杂志精选了每届赛事的优秀作品编辑成书，希望该书的出版能够给广大爱好者提供借鉴和参考，从而促进中国时装画水平的提高。

张庆辉

2002

2003

2004

2005

2006

2007

2008

2009

2010

2011

2012

目录

2002年度时尚中华·时装效果图大赛优秀作品

金奖 1名

银奖 2名

铜奖 4名

优秀奖 5名

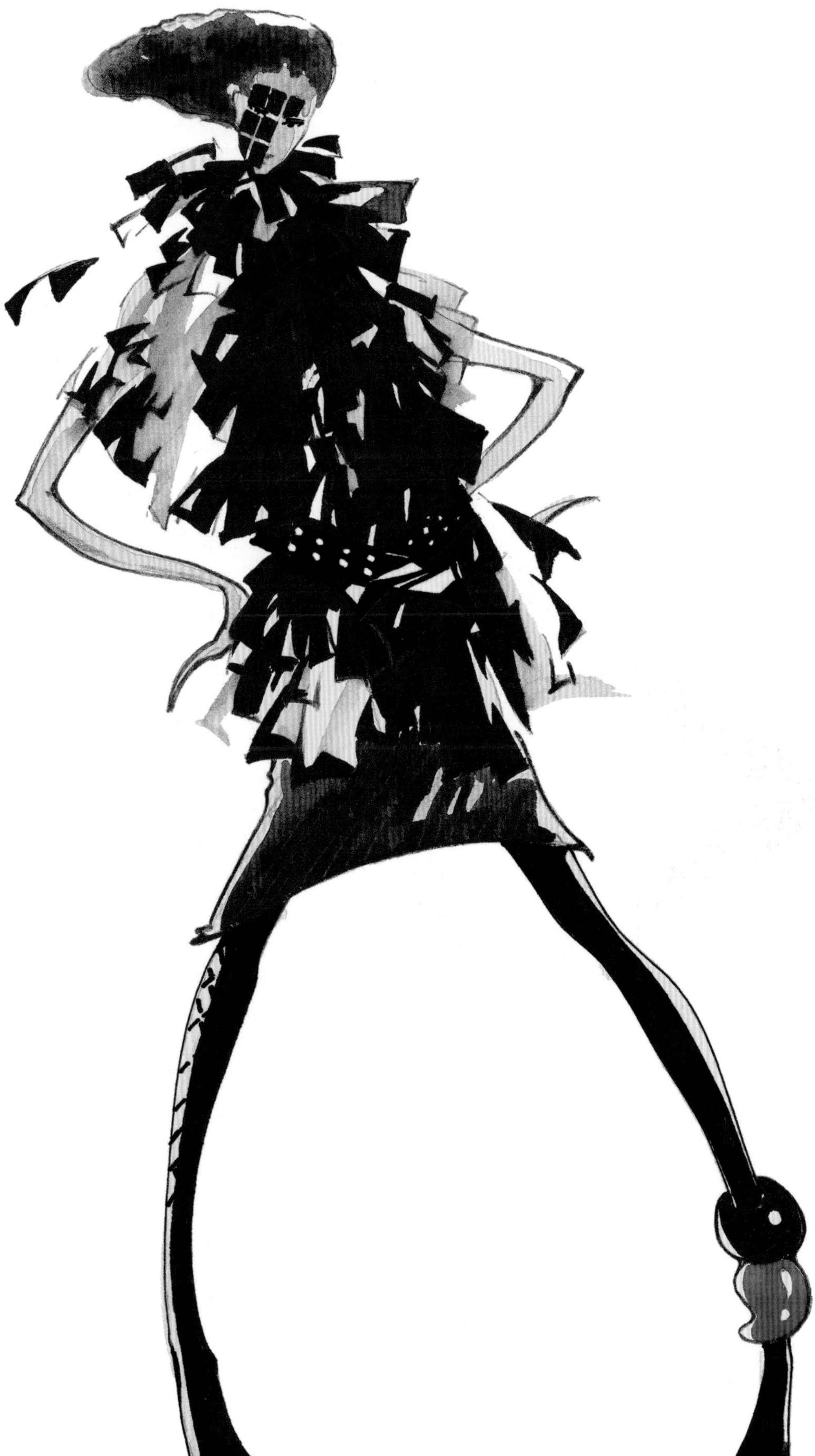

金奖

张书彦

银奖

冯 毅

银奖
马 凯

铜奖

任怀晟

铜奖

熊倩芬

铜奖

石磷硖

铜奖

寇德刚

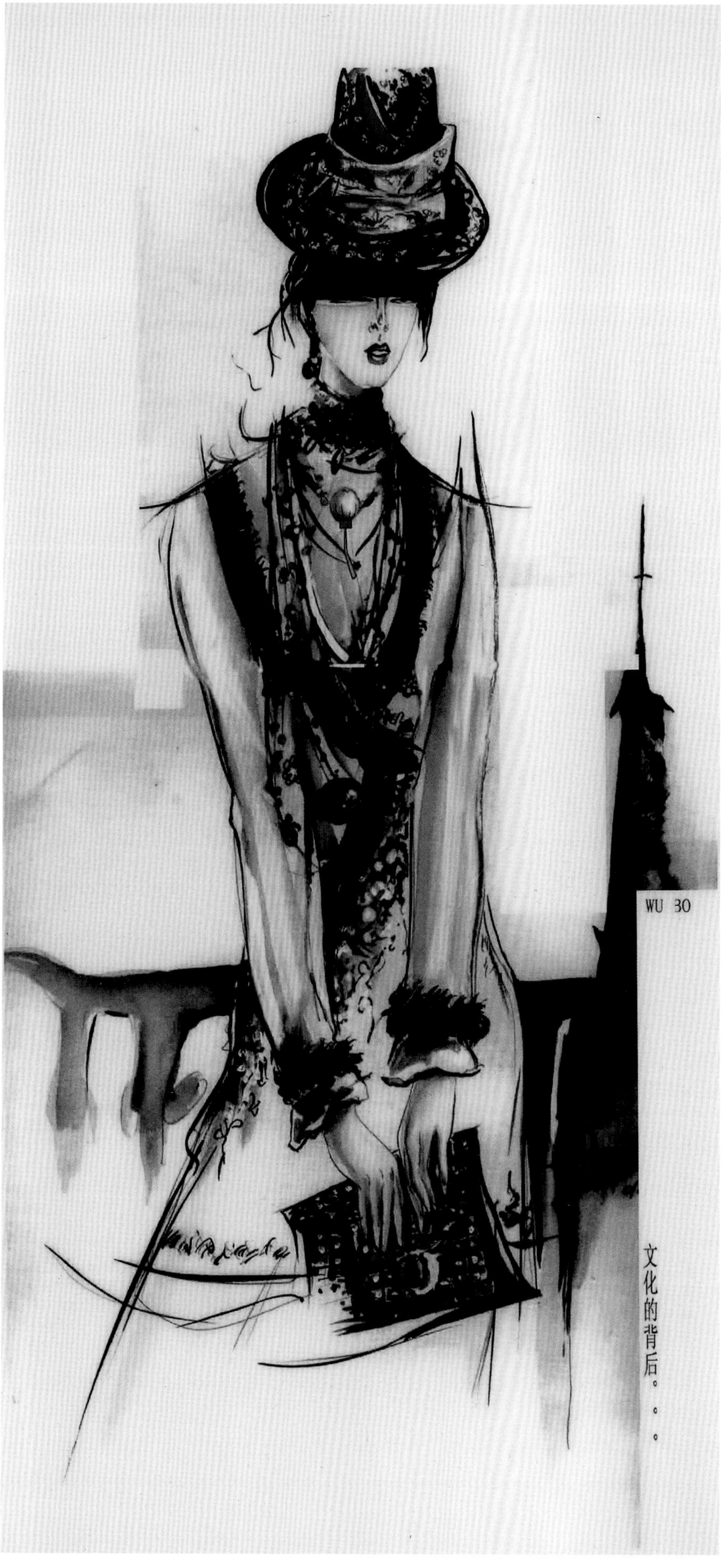

优秀奖

吴　波

优秀奖

黄 欢

优秀奖
黎 丹

2003/SPRING
优秀奖
李鸿安

优秀奖

冯　毅

2003年度时尚中华·时装效果图大赛优秀作品

金奖　空缺

银奖　2名

铜奖　5名

银奖

任雨恒

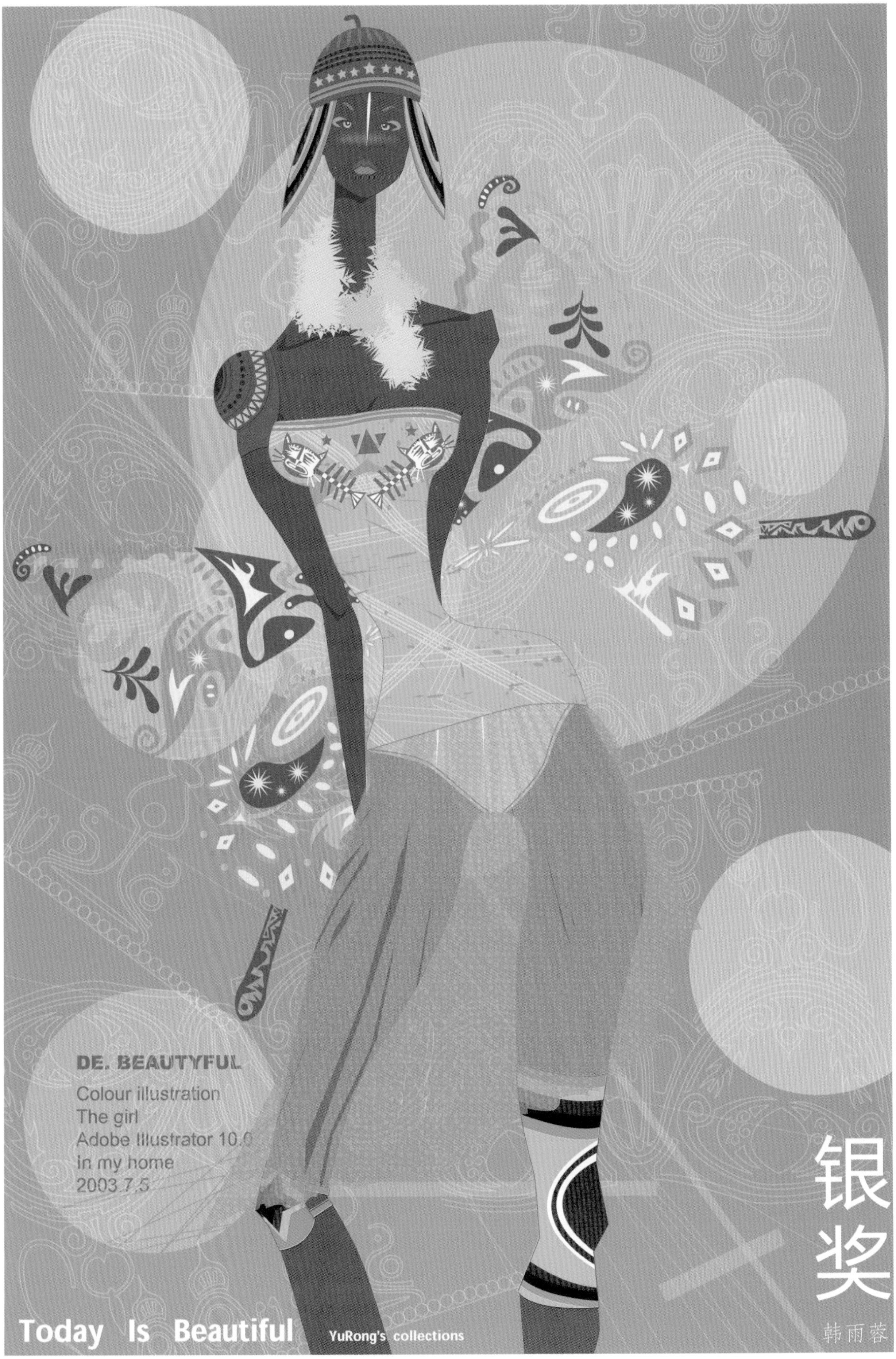
DE. BEAUTYFUL
Colour illustration
The girl
Adobe Illustrator 10.0
In my home
2003.7.5
Today Is Beautiful
YuRong's collections
银奖
韩雨蓉

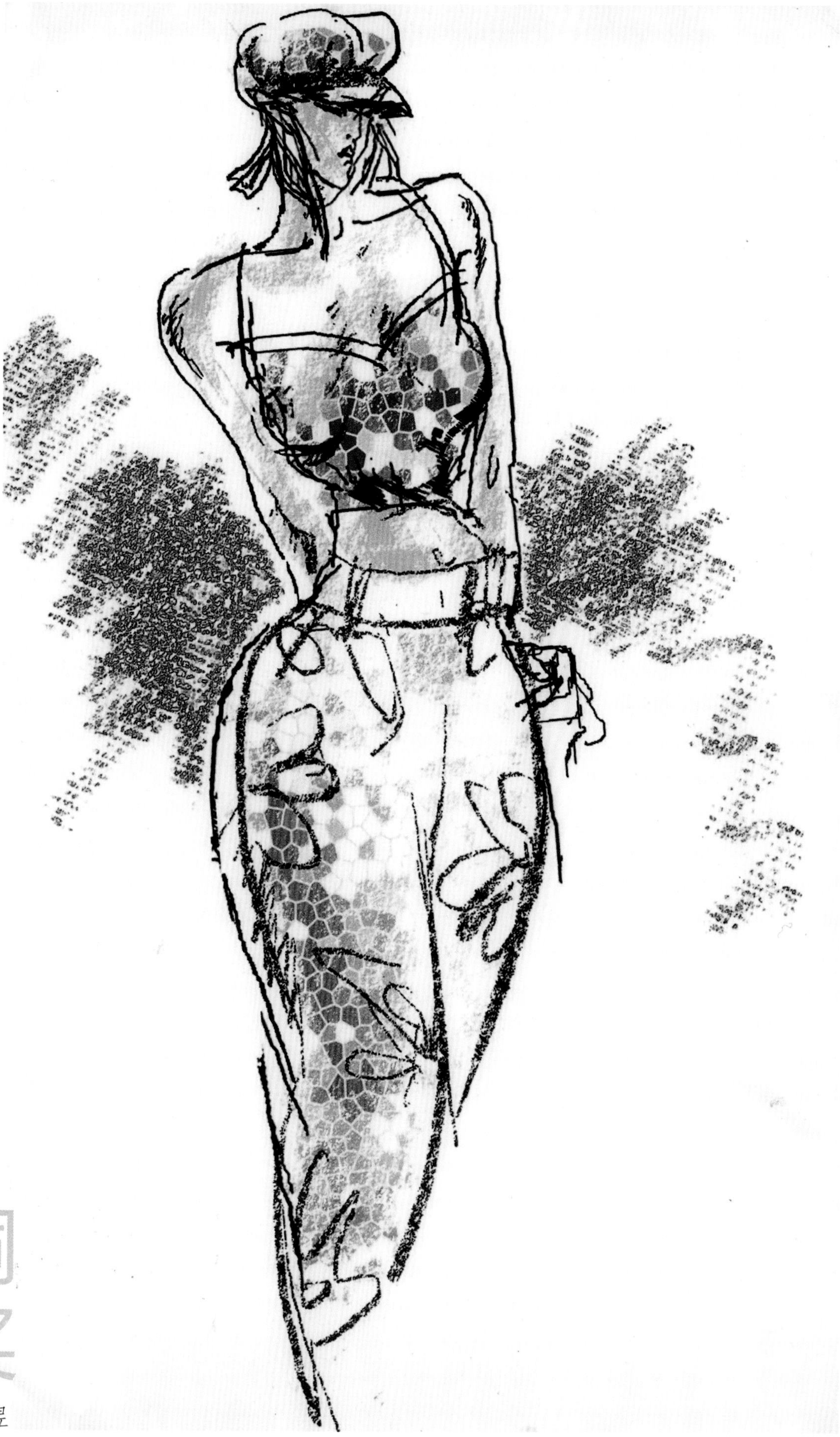

铜奖

侯东昱

铜奖

李 鹏

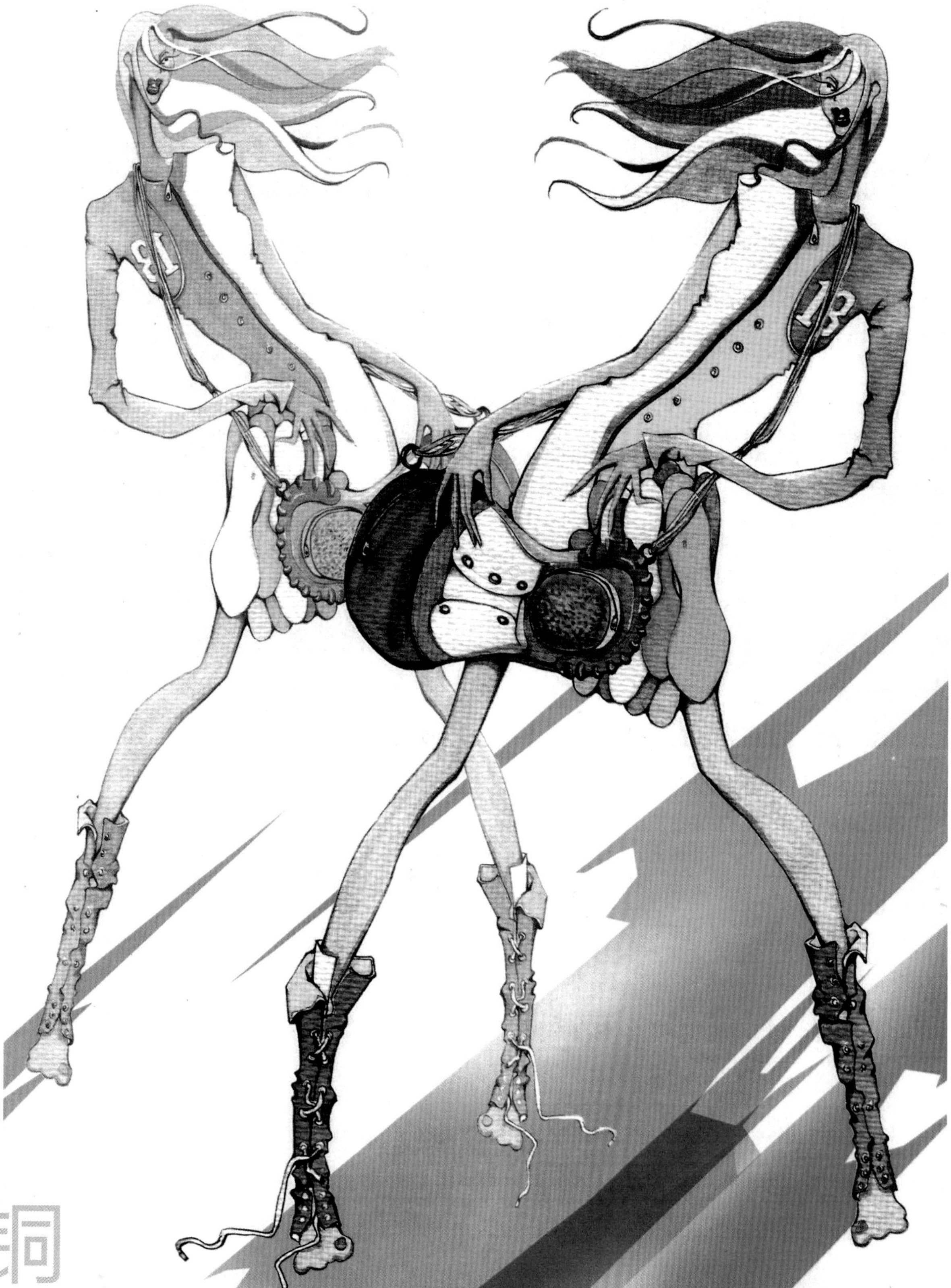

铜奖

杨俊亮

铜奖

梁　军

王斌琳

2004年度时尚中华·时装效果图大赛优秀作品

金奖 1名

银奖 2名

铜奖 2名

金奖

邹　游

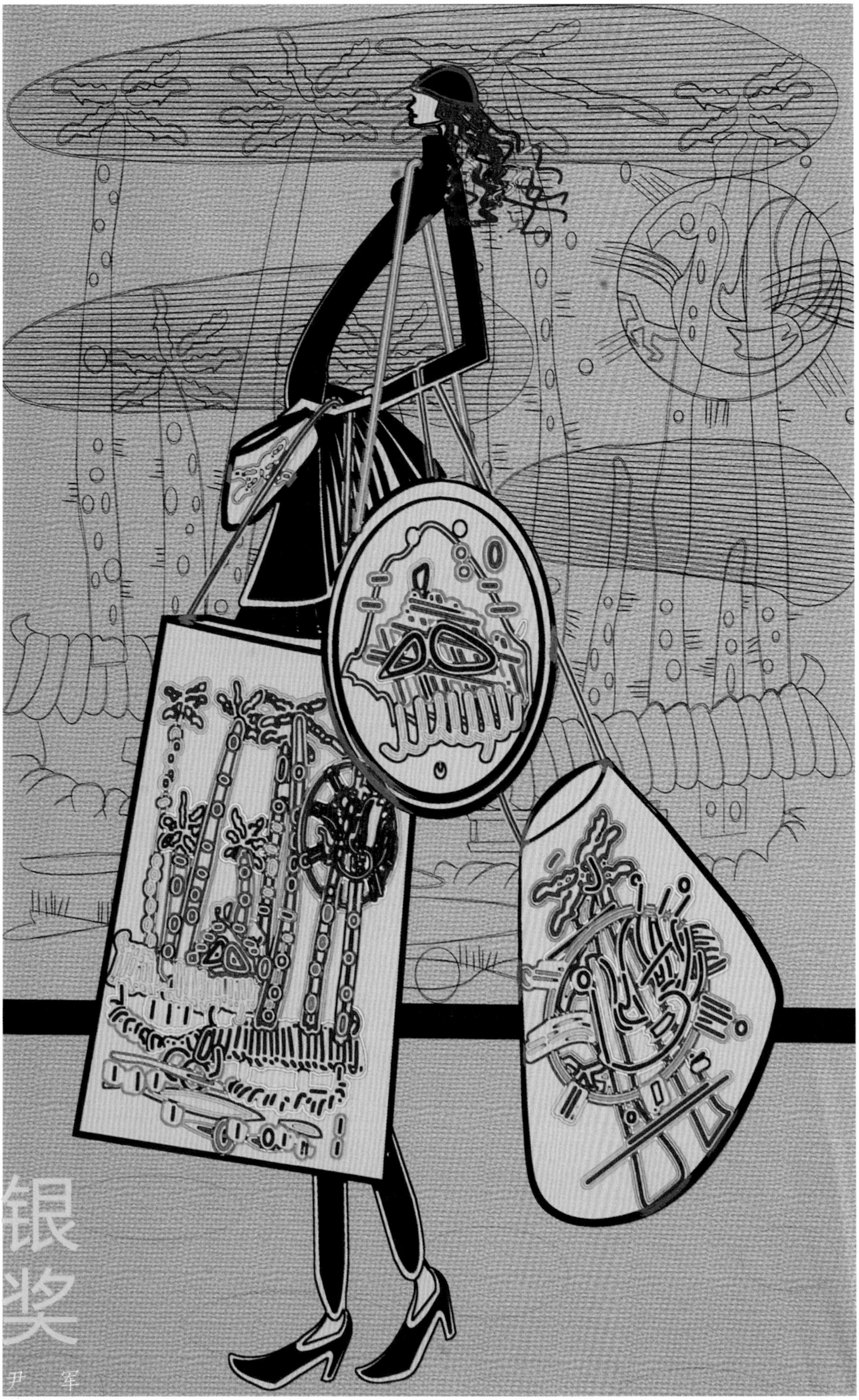

银奖

尹军

银奖
韩雨蓉

铜奖
杨俊亮

铜奖

王希元

天意杯·第4届全国时装画艺术大赛优秀作品

金奖 1名

银奖 2名

铜奖 2名

优秀奖 10名

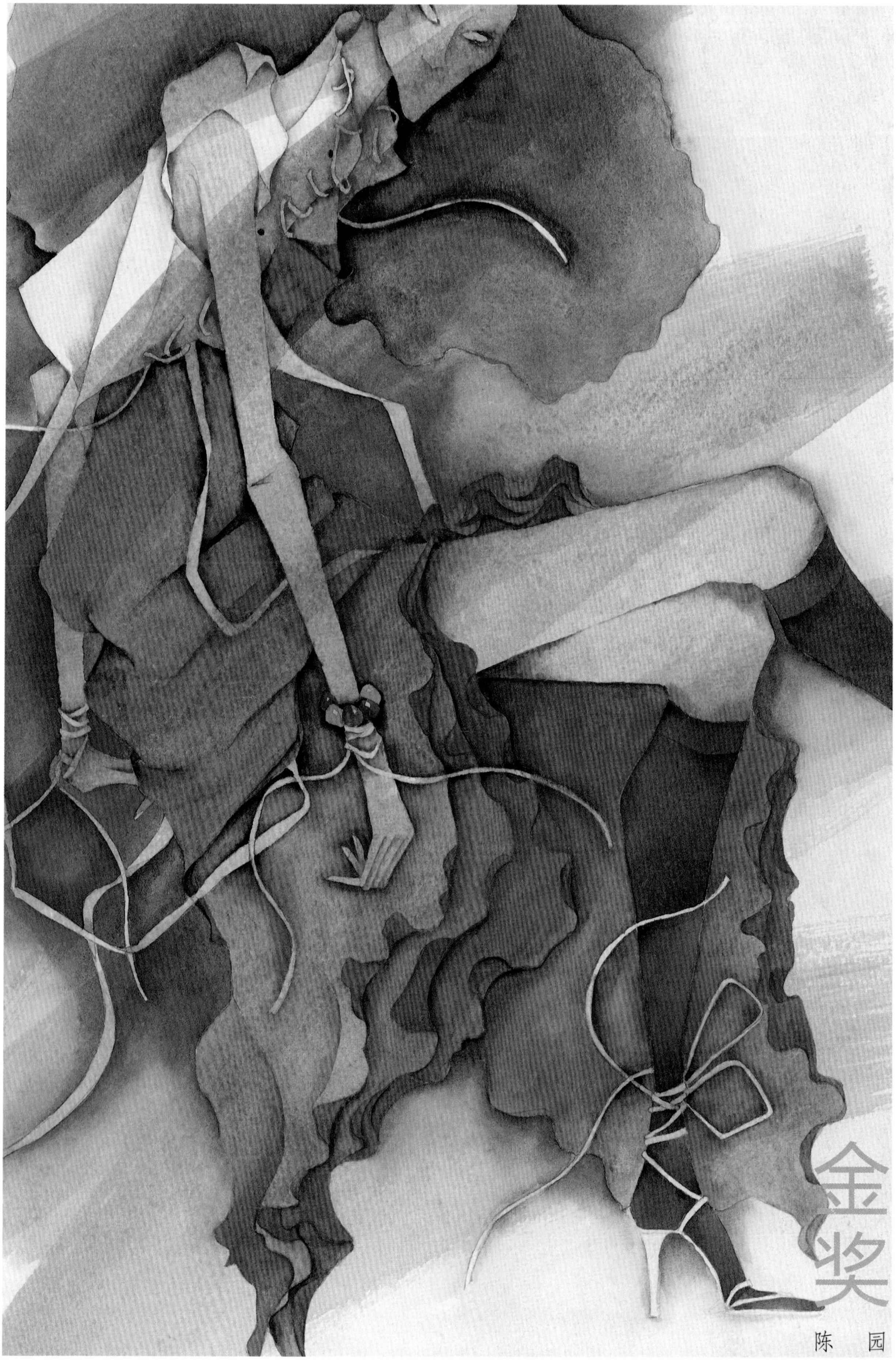

金奖

陈园

银奖
杨俊亮

银奖
马 乔

铜奖
郑伟

铜奖

李露文

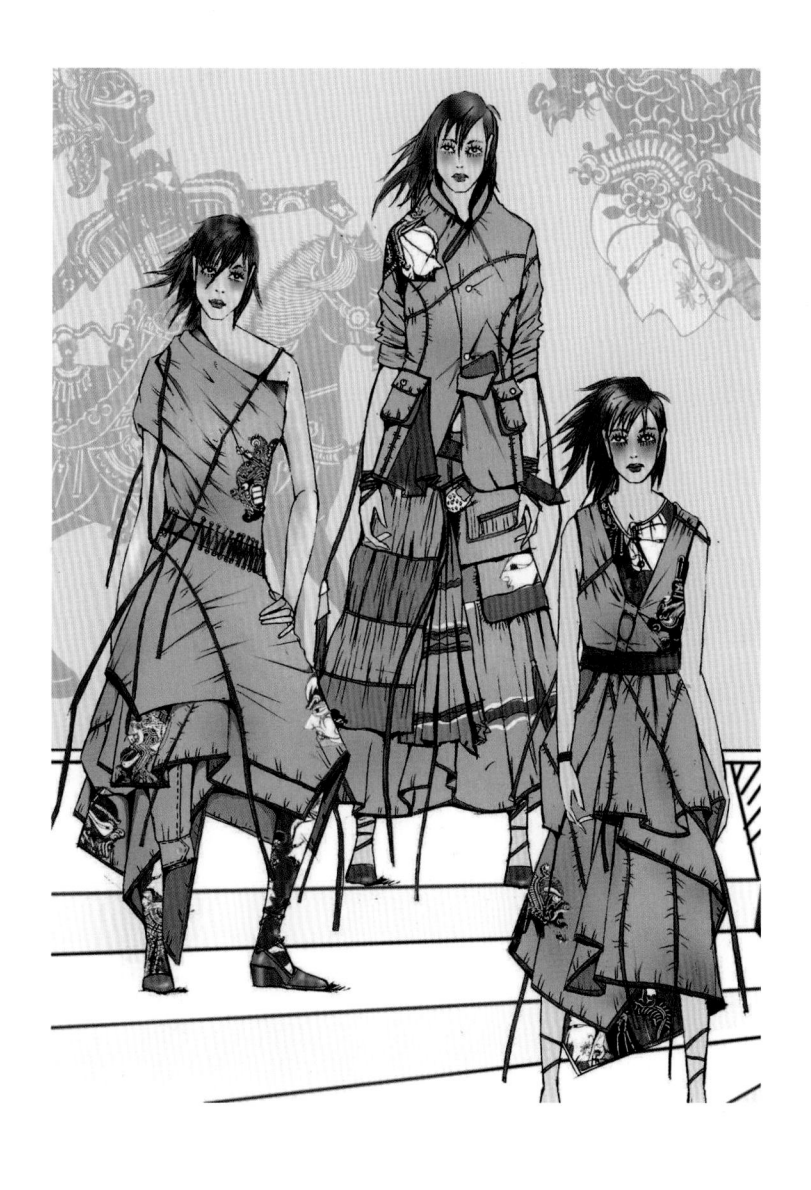

优秀奖
程 雪

优秀奖

刁 杰

优秀奖

蔡　俊　　杜树贤

韩　慧

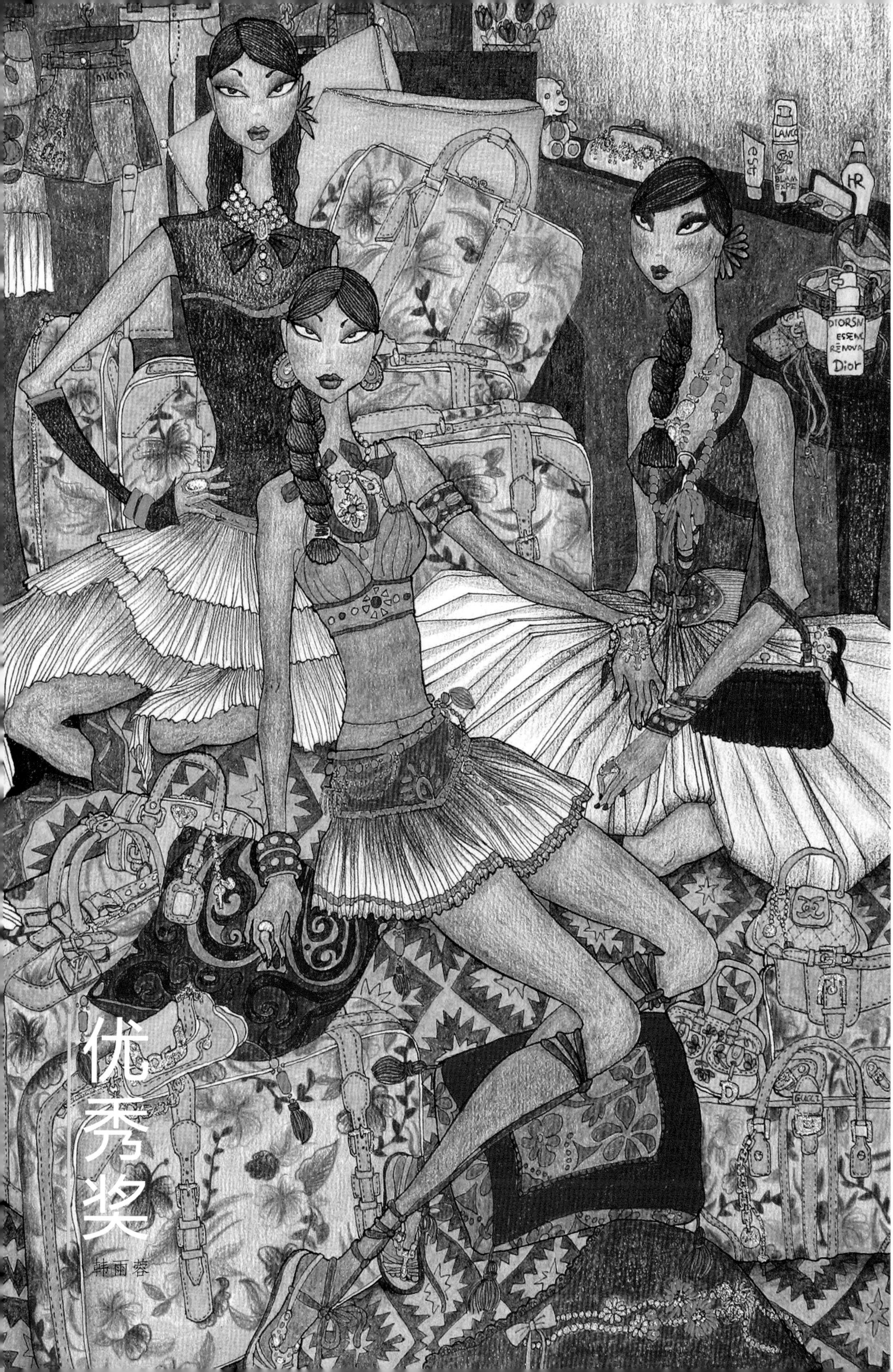
优秀奖
韩雨蓉
DIORSN
ESSENC
RĒNOVA
Dior
HR
est
LANCO

天香染·第4届全国丝绸新画·当代工笔绘画作品展

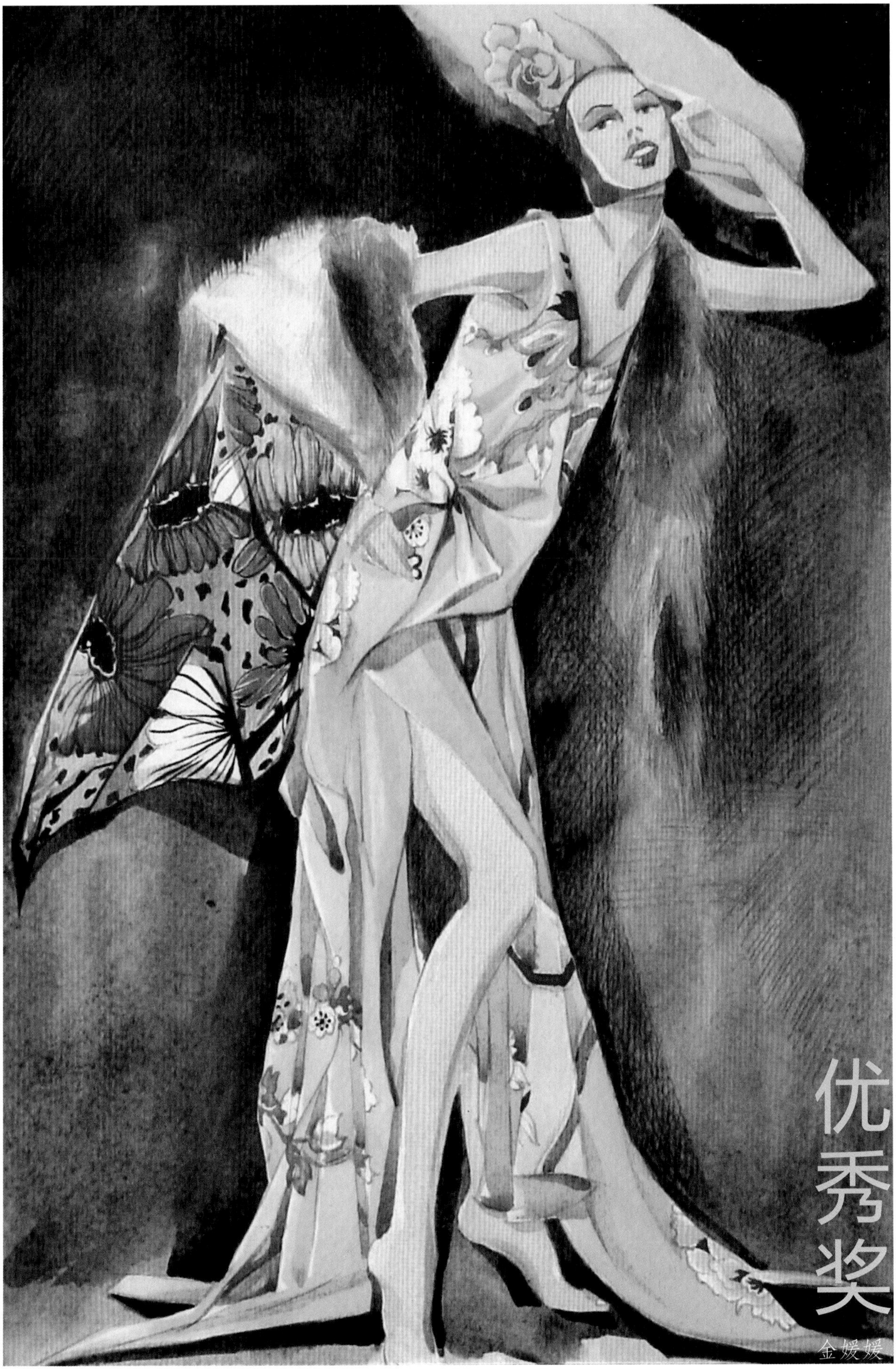

from
Zhang Xu 's
design...
drawn by zhangxu
May7th.2005
01710
优秀奖
张 旭

优秀奖

张　缈

优秀奖
张城成

蔡美月杯·第5届全国时装画艺术大赛优秀作品

金奖 1名

银奖 2名

铜奖 2名

优秀奖 10名

金奖
张晓迪

银奖

胡 劢

银奖

毛婧琦

铜奖

刘莹颖

铜奖

张雯

What Dreams Are Made of
Carolyn Schaeth Central Washington University, Ellensburg, WA 98926
This design was inspired by a young girl's pink and white satin gown with fur. The te manently pleated polyester satin provided i cause of the flexibility of the pleats. The tically for the dress, were used horizonta The entire gown is lined with a soft po held up by small spaghetti straps of pink
It was a challenge to design the coa and satin. The coat is a tea length coat and a stand-up collar. The six horizontal ro presented two problems: dealing with the bulk of the fur and with its strong nap. A narrow satin binding was necessary to finish the upper edge of the fur using both hand and machine sewing.
The "fantasy" of the design seemed to call for the fur muff, using the pleati of the dress fabric for a p fect finish in the ends of muff. It truly is a dream dress!
Innovators
Tuxed
Originally a semi-formal di generously cut in black or dar name from the exclusive Tuxe in Tuxedo Park, Orange Co similar dress coat without tails same time. By the 1920s the breasted dinner jacket. It revert after World War II. In France Dinner jackets for women enjoye and 1980s.
Music
Music for your production is cannot present a good show without
Keep it simple and easy to unde you can be as original as you like wi it's the clever little touches that mak
Of course, the commentary will this theme up to a point, but don't b Make up something more imaginativ Fashions" or "Fall Fashions." You c
Your Script
Use scenes to give your fashio can have four, six, eight scenes. Yo you think you can handle, within reas
Back to Reality
Supermodels
ench ready-to-wear designers. His clothes are owy, and extremely clever — a mixture of and film star glamor. Gaultier successfully d new in fabrics and cuts. He has produced rimmed with lace and satin, upside-down Eiffel eels for shoes, and bracelets which resemble tin oving and witty, Gaultier's designs challenge of dress without offending. In the early 1980s eral strong seasons, showing various.
Gaultier slashed away to reveal more layers a style dating from 1983.
nbrella
culum, "a shady place," the as protection against both rain it was made of leather and then s until the appearance of the soft the 19th century. It was at this s made between the Parasol, a omen for protection against the
Fan
Co
your committees, and each committee shoul man and someone to assist her. When all co osen, the Ways and Means chairman has ju all committees and keeps in touch with all of orts are given to her, and she should

优秀奖

李宁

优秀奖

吴佳耕　　苑国祥

纪　超

优秀奖

安苏诺

ANSUNUO

优秀奖

胡潮忠 | 周子健

优秀奖

王伟伟 | 于 彦

优秀奖

徐　珊

卡锐仕杯·第6届全国时装画艺术大赛优秀作品

金奖 1名

银奖 2名

铜奖 2名

优秀奖 10名

金奖

胡　励

银奖

陈　圆

银奖

余子砚

铜奖

邓 霁

铜奖

肖 锋

优秀奖
王游娜

张　雯　　　　隋园坤

刘　莎

优秀奖

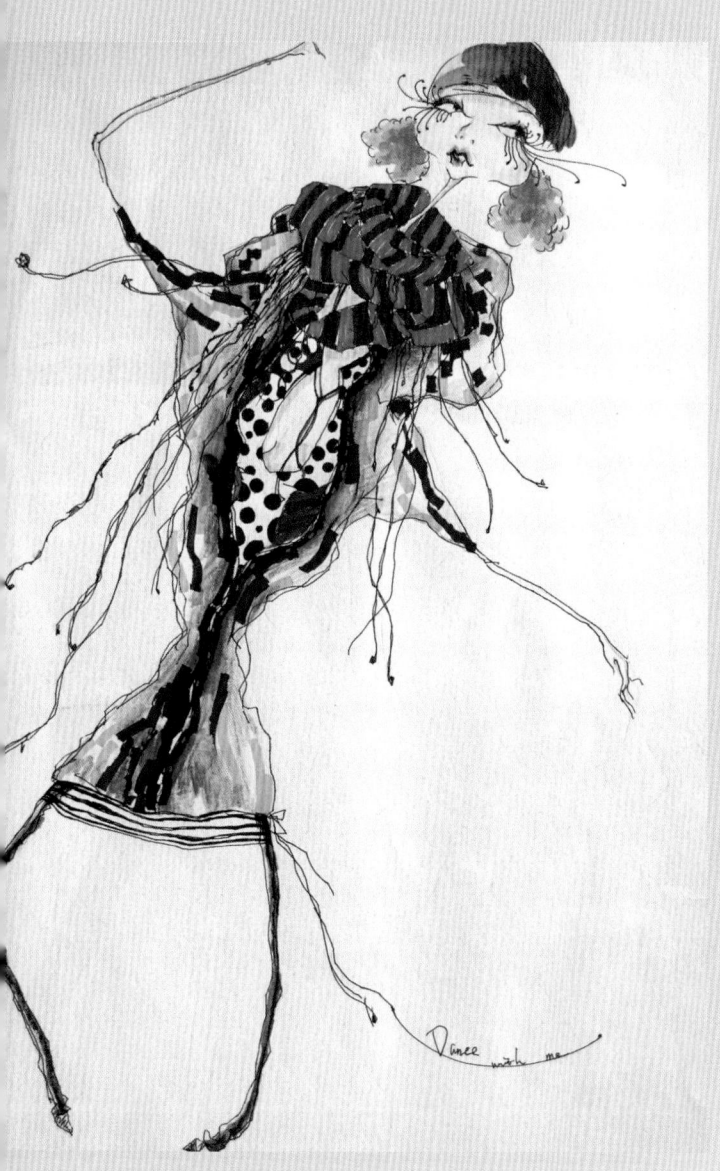

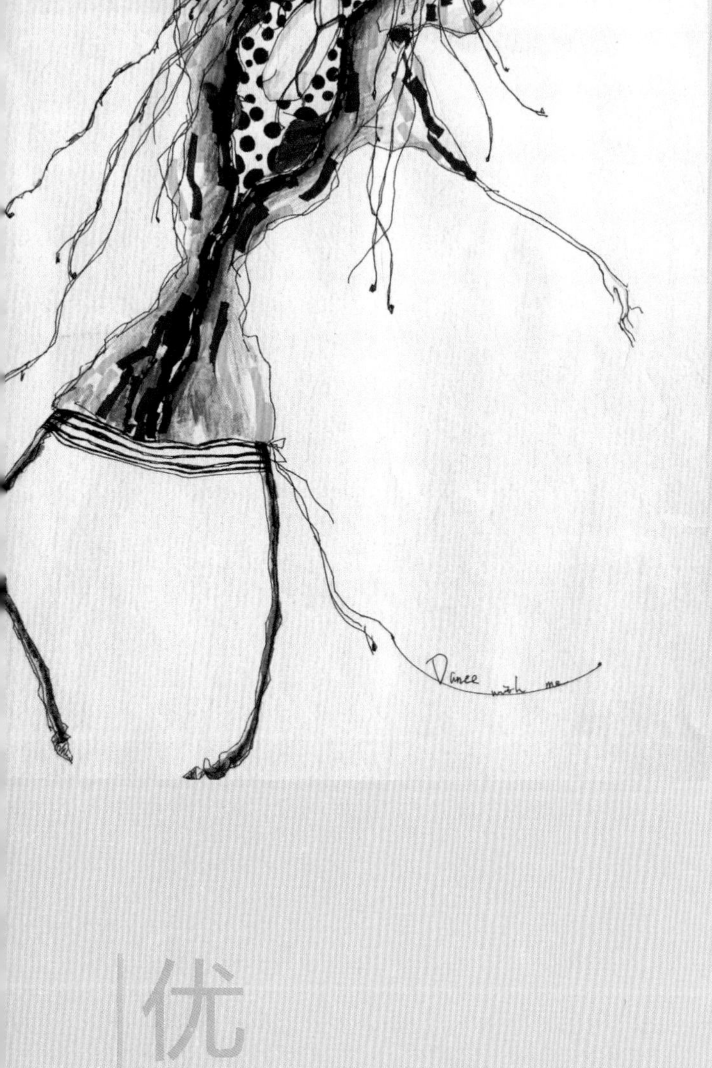

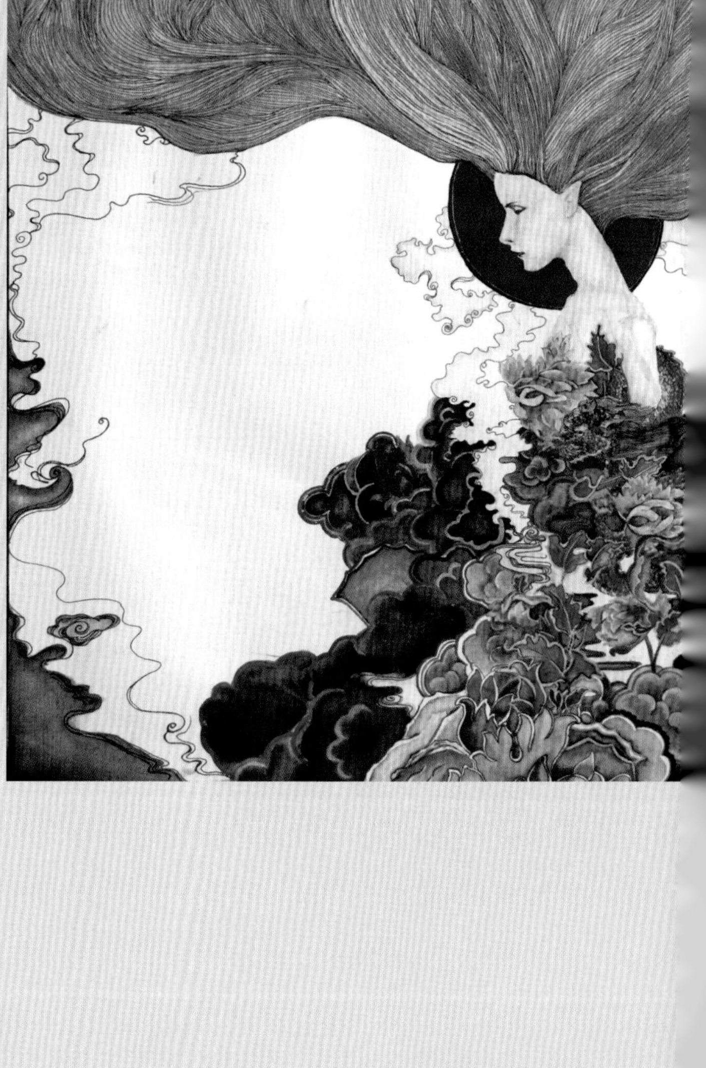

优秀奖

庞 鹏 | 李明星

优秀奖

朱荣蓉

优秀奖

李　航

优秀奖

李自强

优秀奖

朱迪理

卡锐仕杯·第7届全国时装画艺术大赛优秀作品

金 奖 1名

银 奖 2名

铜 奖 2名

优秀奖 10名

5+

金奖

吴佳耕

银奖

周焕增

银奖

毛婧琦

铜奖
李 航

铜奖
董怡

by Yucco

优秀奖

于 倩　　朱雅楠

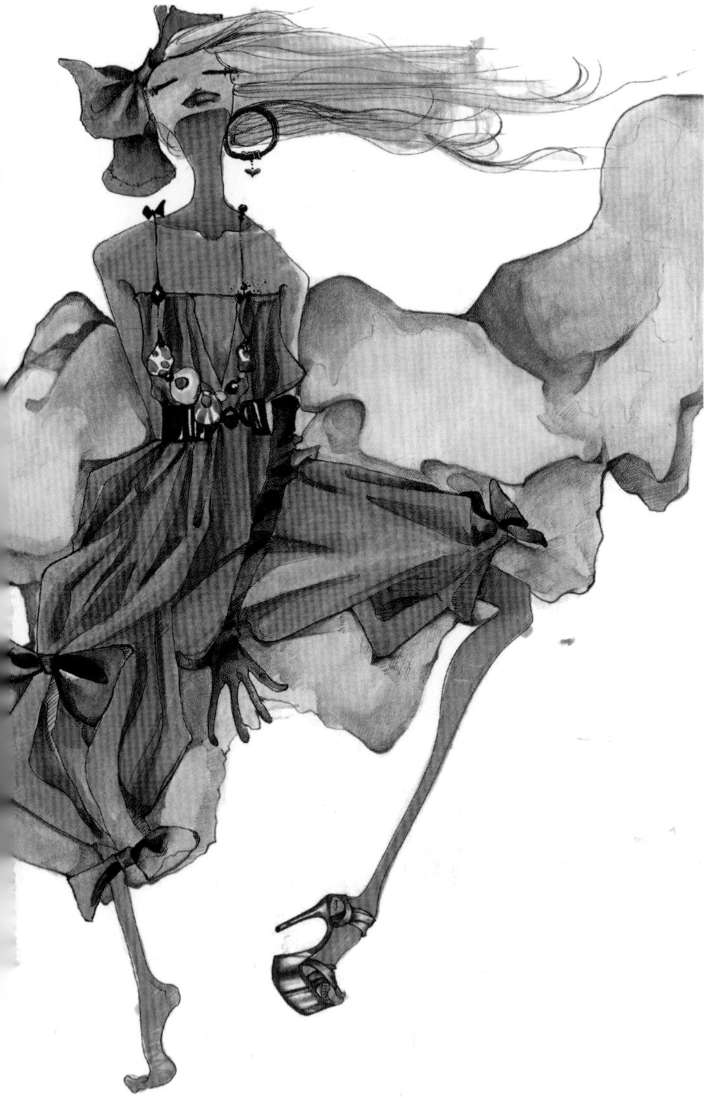

优秀奖

陈钧霆

朱荣蓉　冯素杰

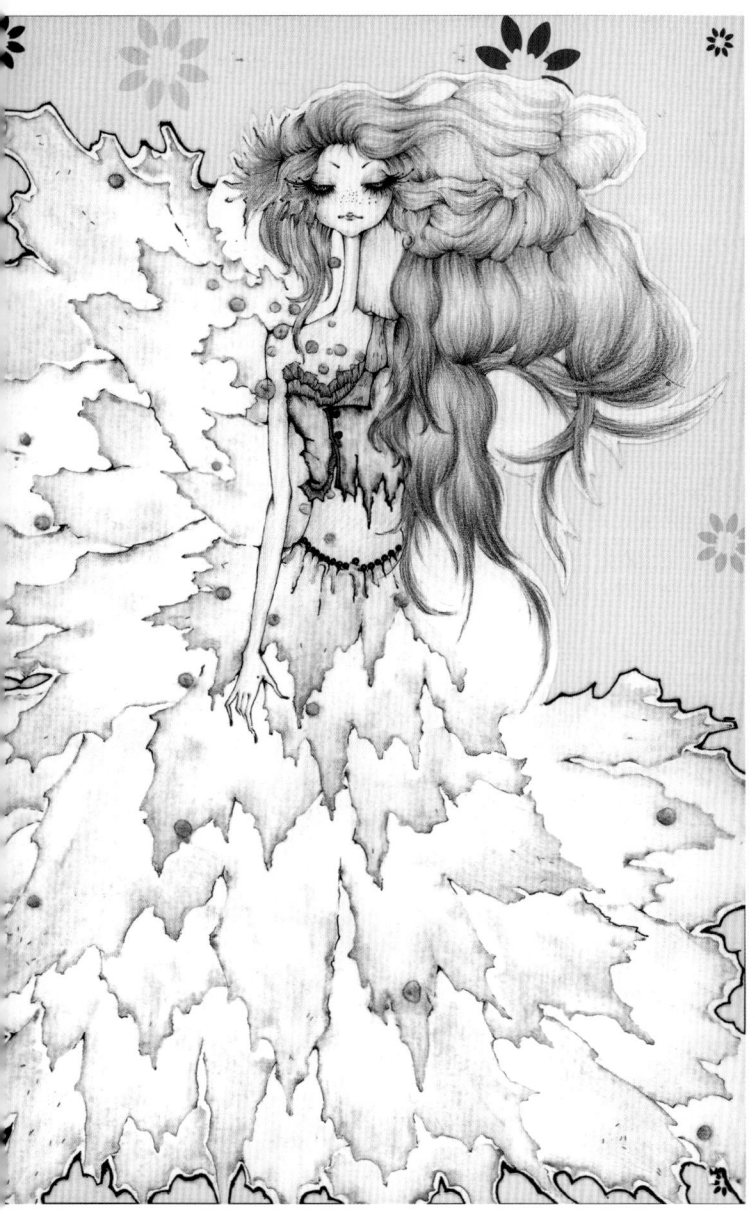

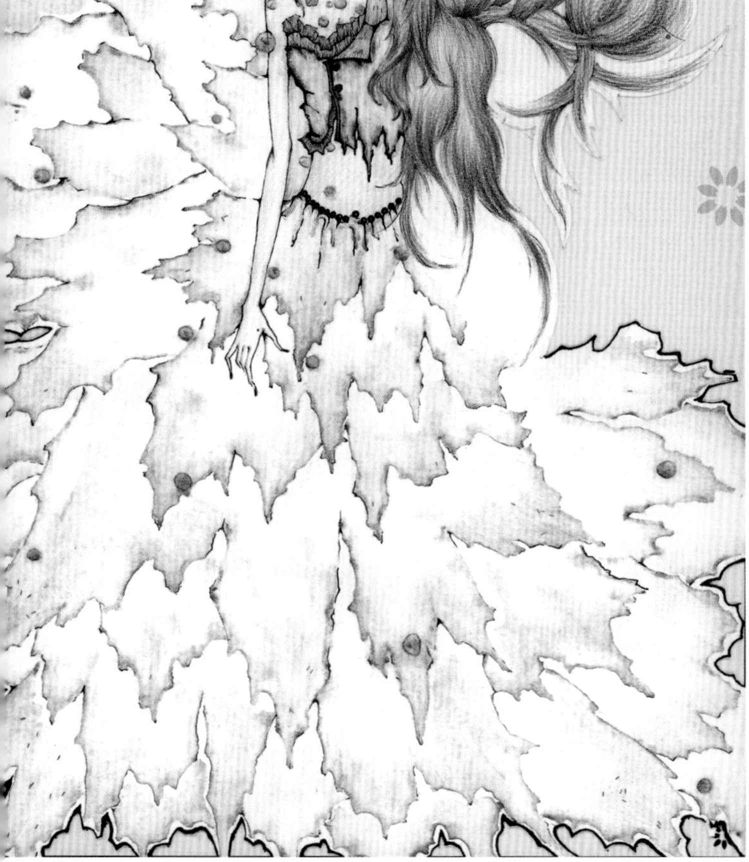

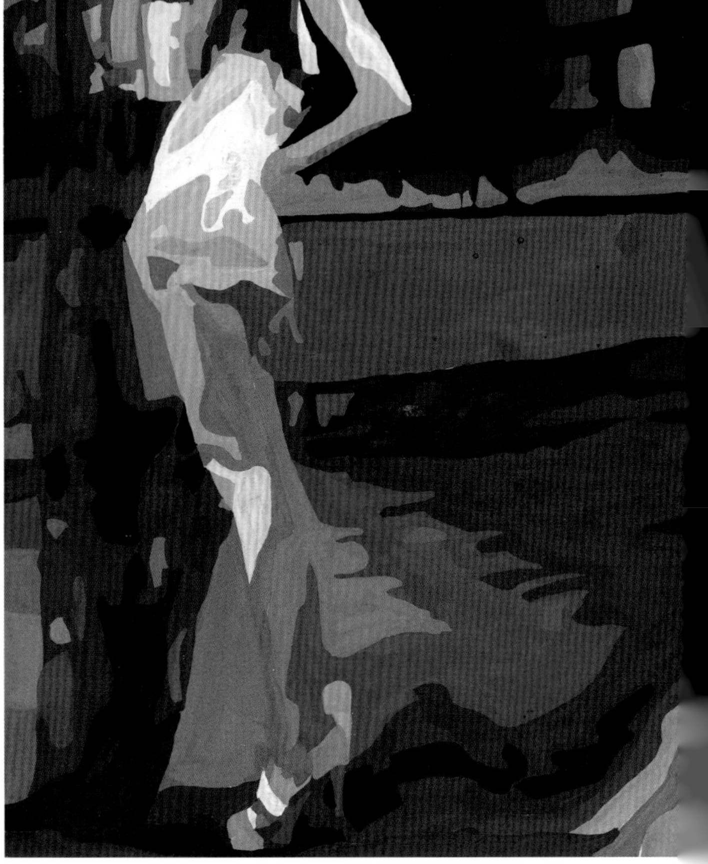

优秀奖

伍妙妙　　梁　艳

曾晓萌

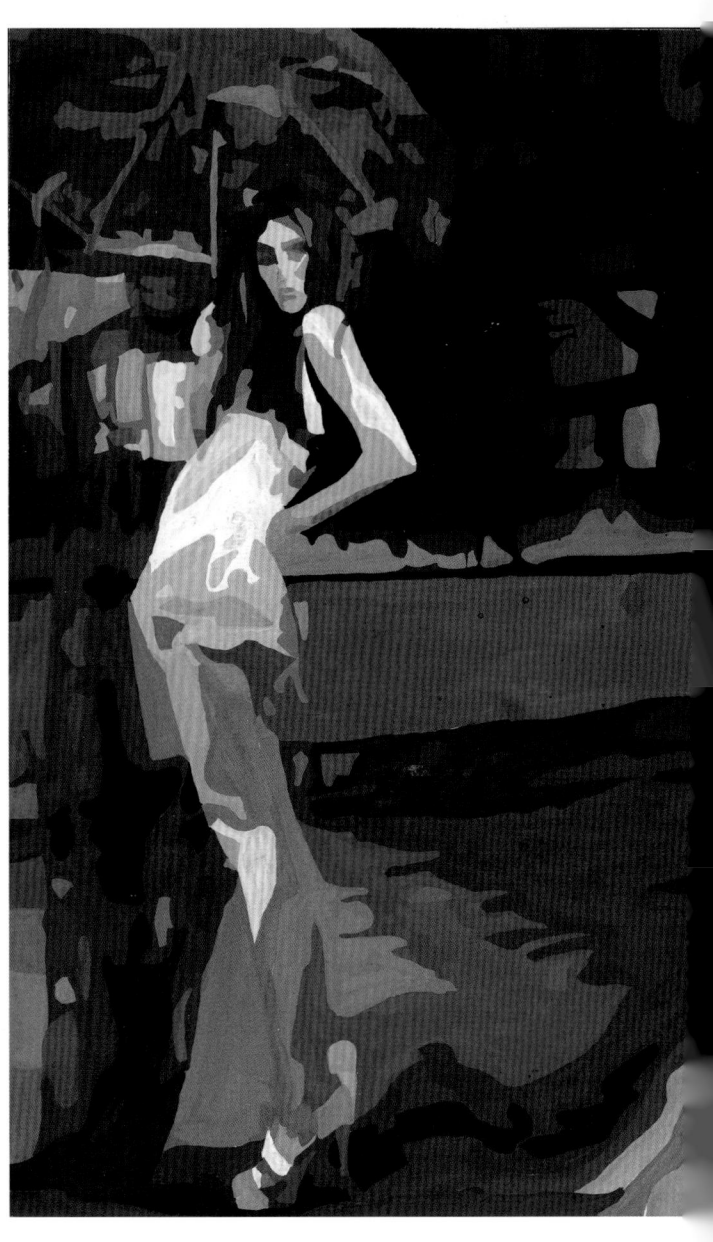

优秀奖

何文恩

优秀奖

李自强

L&XF 杯·第 8 届全国时装画艺术大赛优秀作品

金 奖　　　1 名 ------------------------------

银 奖　　　2 名 ------------------------------

铜 奖　　　2 名 ------------------------------

优 秀 奖　　10 名 ------------------------------

金奖

邓爱萍

银奖

李 航

Nothing last forever,
Dreams change,
trends come and go,
but friendship never go out of style
WE
YOU
银奖
谢灵巧

铜奖
李文静

铜奖

吴佳耕

优秀奖
余秋雨

优秀奖

王 烁

优秀奖
邓明刚

优秀奖
刘 炎

优秀奖
韦 帅

优秀奖
侯阳阳

优秀奖

李　鹭　　夏宏伟

林焕晞

周焕增

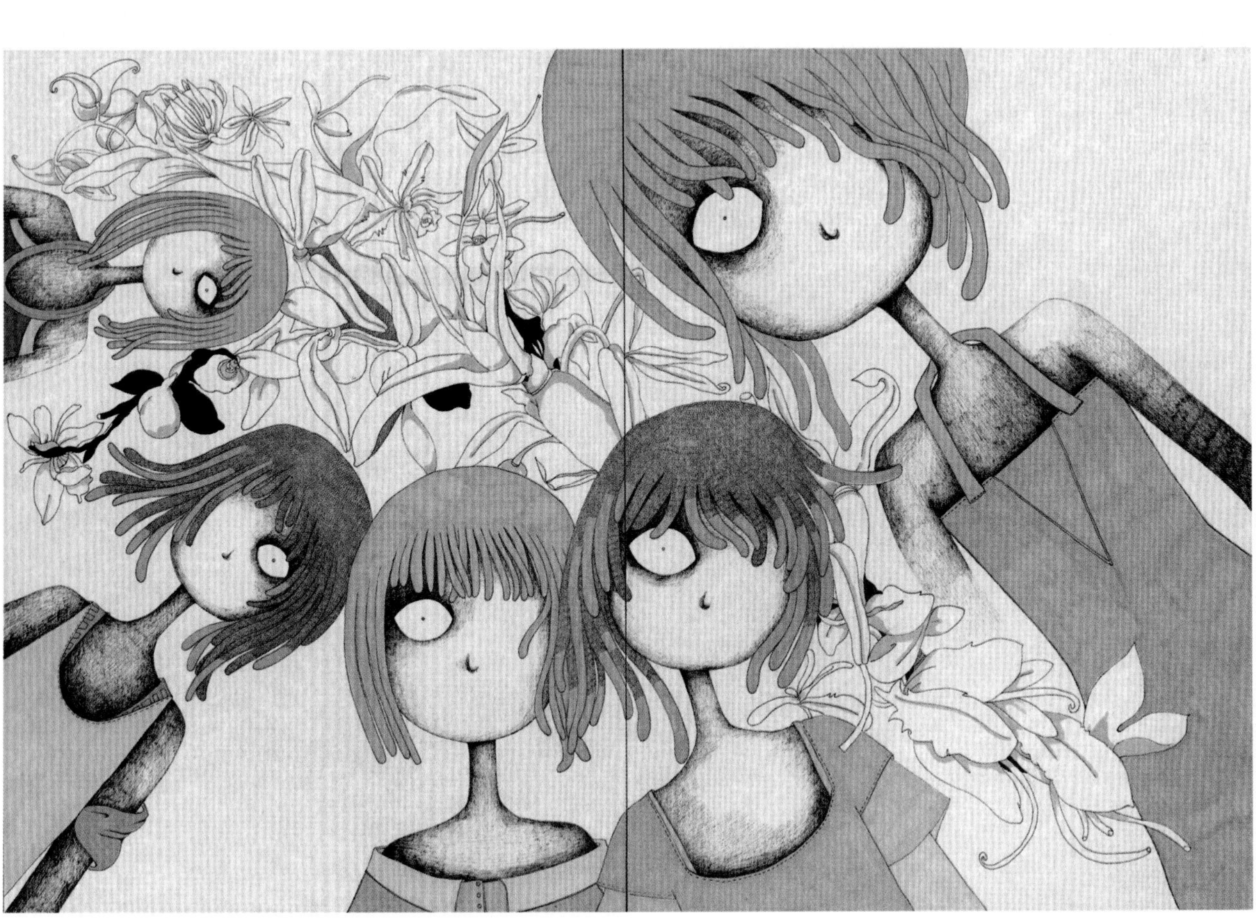

L&XF 杯 · 第 9 届全国时装画艺术大赛优秀作品

金 奖 1 名

银 奖 2 名

铜 奖 2 名

优秀奖 10 名

金奖

张　帆

银奖

刘韵

银奖

李俊

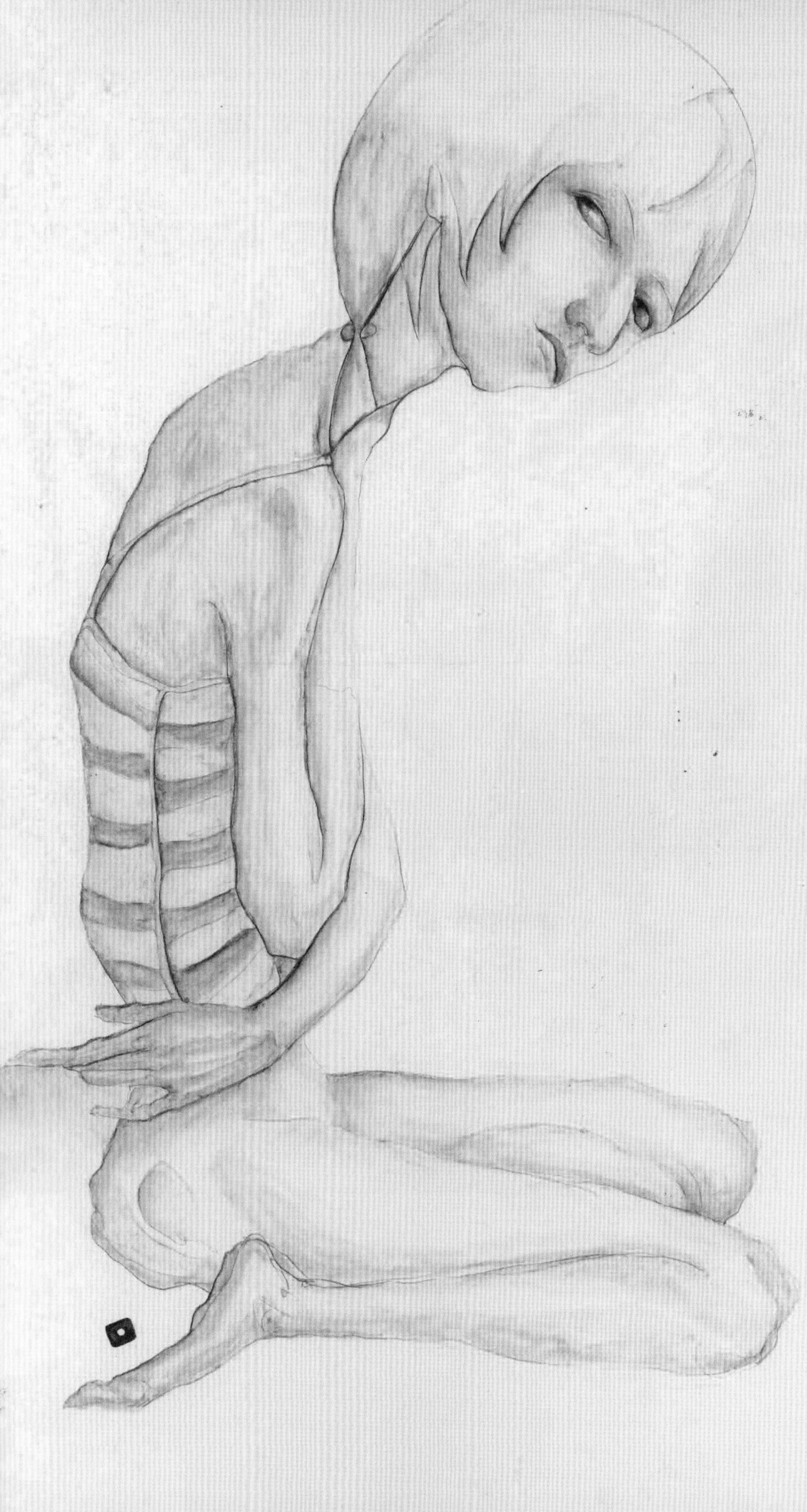

铜奖

王赖居

铜奖
胡丹丹

优秀奖

吴佳耕

优秀奖

李 迪

李　航

谭雅洁

凌　子

优秀奖

优秀奖
何绮玲

优秀奖

冯银淑 | 姚莉珍

优秀奖

陈 婧

优秀奖

张丽媛

L&XF 杯·第 10 届全国时装画艺术大赛优秀作品

金 奖　1 名

银 奖　2 名

铜 奖　2 名

优秀奖　10 名

DEATH

金奖

郑　凤

银奖

于佳卉

银奖
赵伟伟

铜奖

刘晶晶

铜奖
黎力

欧金泉　　廖雯雯

许开娇

优秀奖

优秀奖

余 莳

优秀奖

盖晶晶

优秀奖
李冬霞

优秀奖

李 卓

优秀奖
曹青禾

优秀奖

袁 涛

优秀奖
韩彩霞

L&XF 杯·第 11 届全国时装画艺术大赛优秀作品

金 奖	1 名	-----------------------------------
银 奖	2 名	-----------------------------------
铜 奖	2 名	-----------------------------------
优秀奖	10 名	-----------------------------------

金奖

赵伟伟

银奖

黄雅铃

Clarks
ENGLAND
HOGAN
PORTS
1961
IT IS INSPIRATION
PARIS
EIN
HUGO

银奖

王天皓

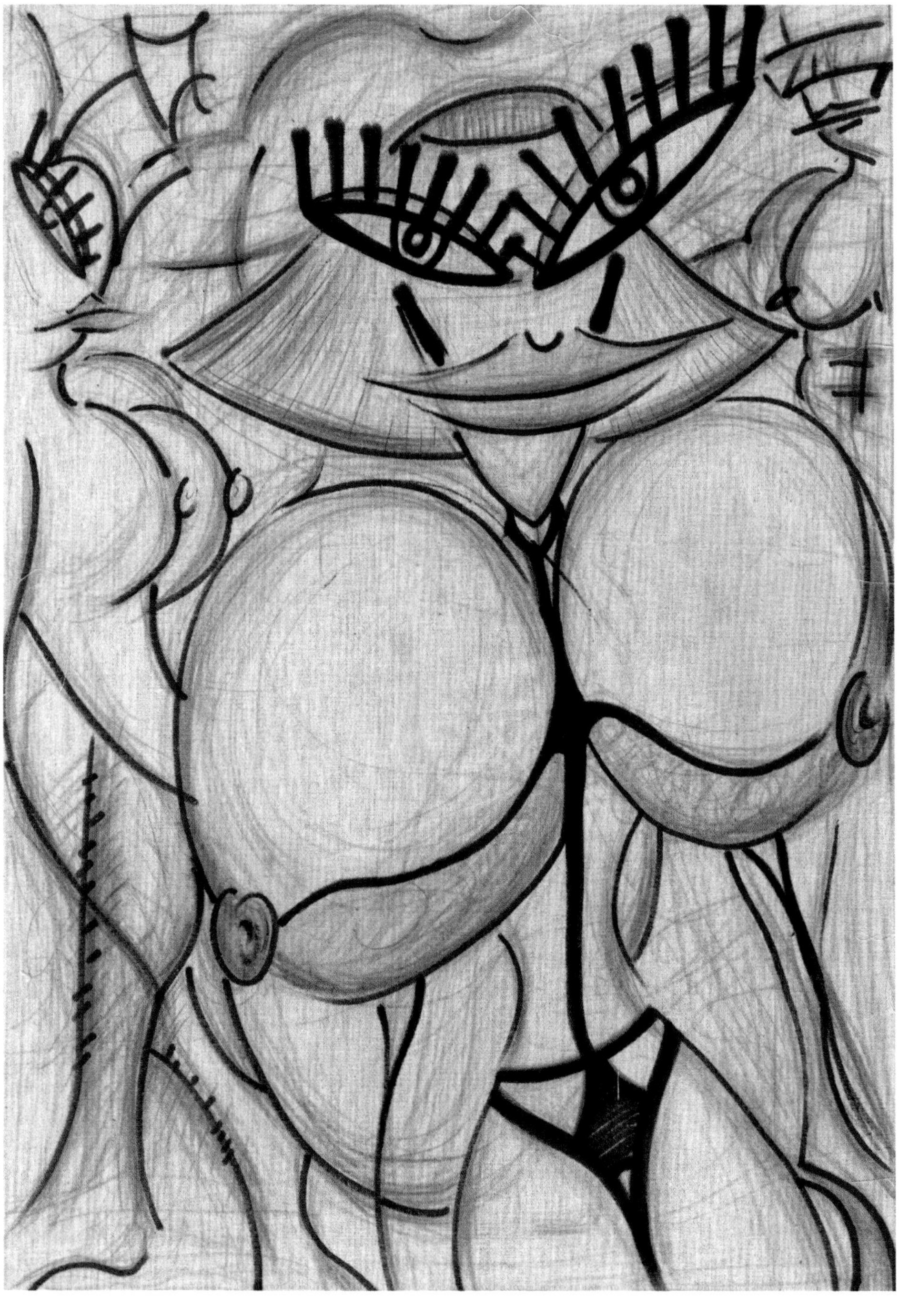

铜奖

庞幼林

铜奖

吴 真

优秀奖
周 依

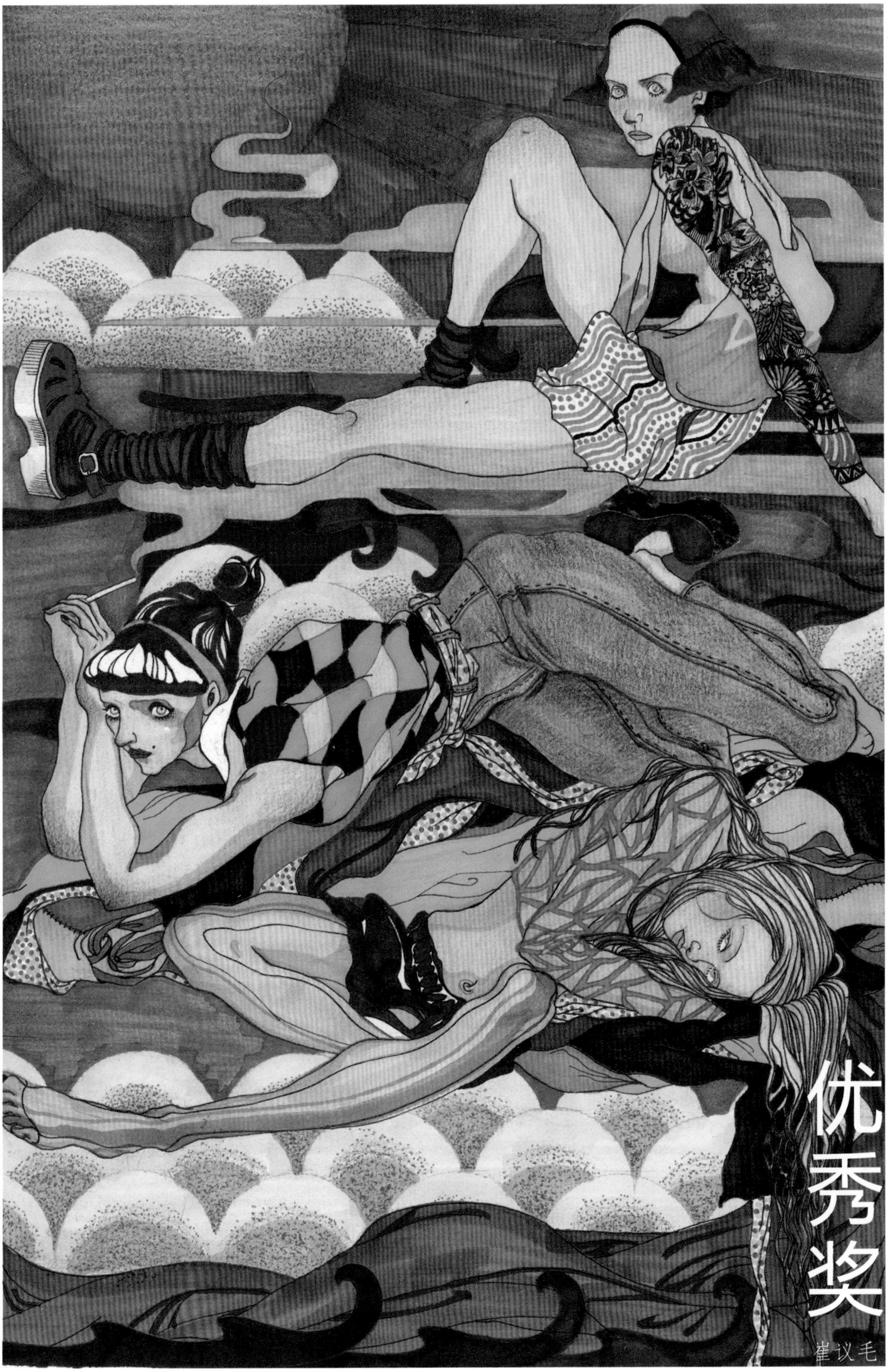
优秀奖
崔议毛

陈昊旸　李　想　　　　梁汝思

优秀奖

优秀奖

刘俊娴　　郁　磊

优秀奖

符德锐

优秀奖
吴仝

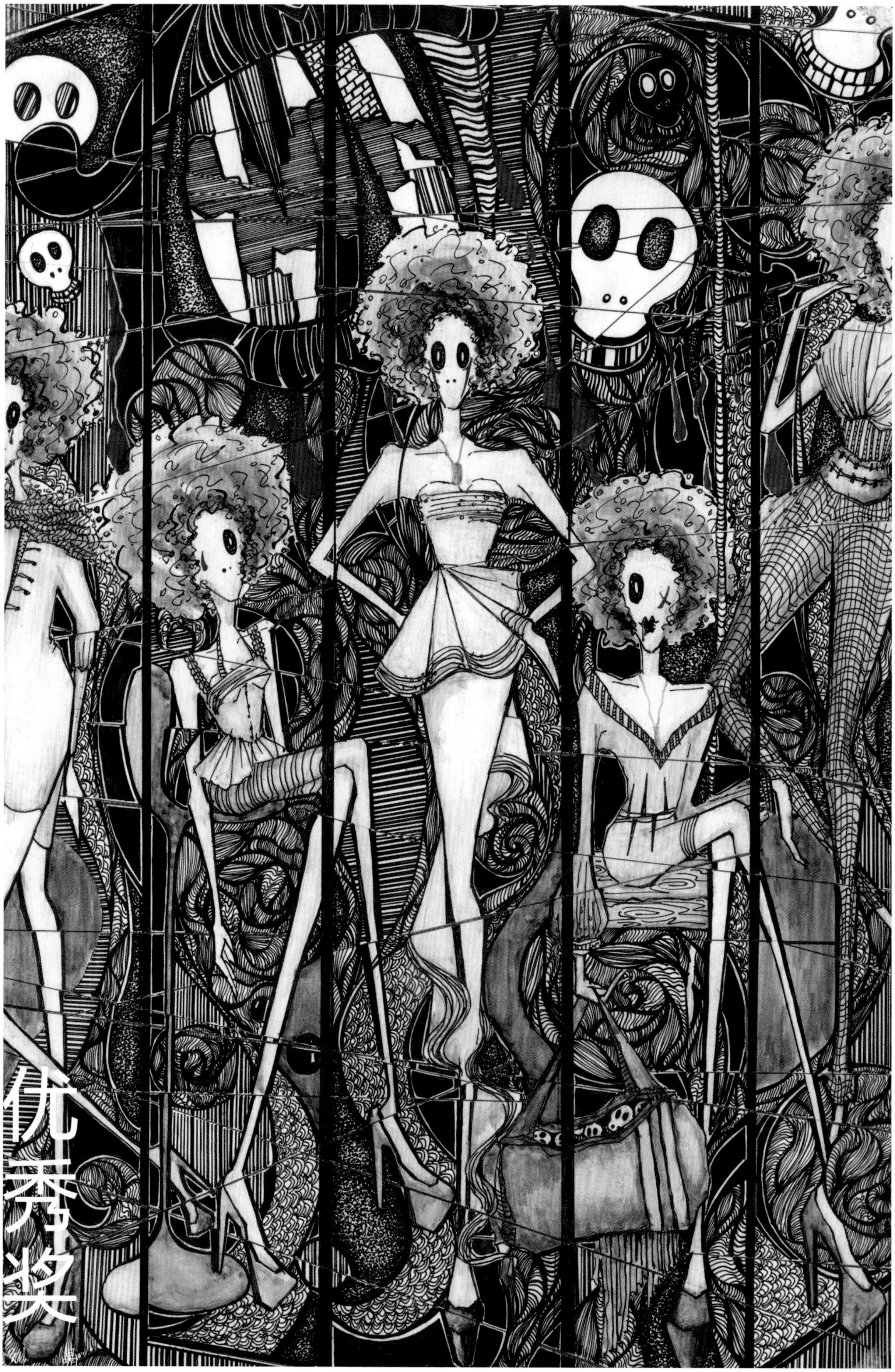
优秀奖